中华造物记

U0181760

送给孩子的
古代科技发明史

中华造物记

·发明饮食和衣物·

蓝灯童画◎编绘

科学普及出版社
·北 京·

图书在版编目（CIP）数据

中华造物记.发明饮食和衣物 / 蓝灯童画编绘 . --
北京：科学普及出版社，2022.5（2025.1 重印）
　ISBN 978-7-110-10411-8

　Ⅰ.① 中…Ⅱ.① 蓝…Ⅲ.① 技术史－中国－古代－
儿童读物Ⅳ.① N092-49

中国版本图书馆 CIP 数据核字 (2022) 第 016224 号

序言

古代中国是科技强国，我们的祖先更是擅长发明创造。除了造纸术、印刷术、指南针和火药这类人尽皆知的古代四大发明，我们的祖先还创造出了不计其数的发明，发现了各种原理，建造出了举世闻名的伟大工程。比如，由我国先民最先栽培的重要的粮食作物之一的水稻，随着秦始皇一同沉睡在秦始皇陵中的兵马俑，以及与现代的照相、投影技术息息相关的光学原理——小孔成像等，这些发明创造或是由先民历经千辛万苦才被创造出来的，或是在某些事物的基础上演变而成的。它们与我们的生活密不可分，为人类发展科技进步作出了重大的贡献。

因此，我们选取了 32 种中国原创、具有代表性的重要科技成就，并将这些科技成就的由来和原理绘制成了这套《中华造物记》。本册的书名为《发明饮食和衣物》，以我们日常生活中最为重要的衣和食为主题，带领小读者们了解古人的发明创造之路。

衣、食在我们的生活中是必不可少的两个方面。爱美之心人皆有之，追求美味的食物则是我们人类的天性。生于现代的我们并不会为衣食住行而感到发愁，但中国先民是如何吃上美味佳肴、穿得整洁大方的呢？他们又是如何发明或创造出这些物品的呢？不要着急，翻开这本书，你就可以从书中找到这些问题的答案。

目 录

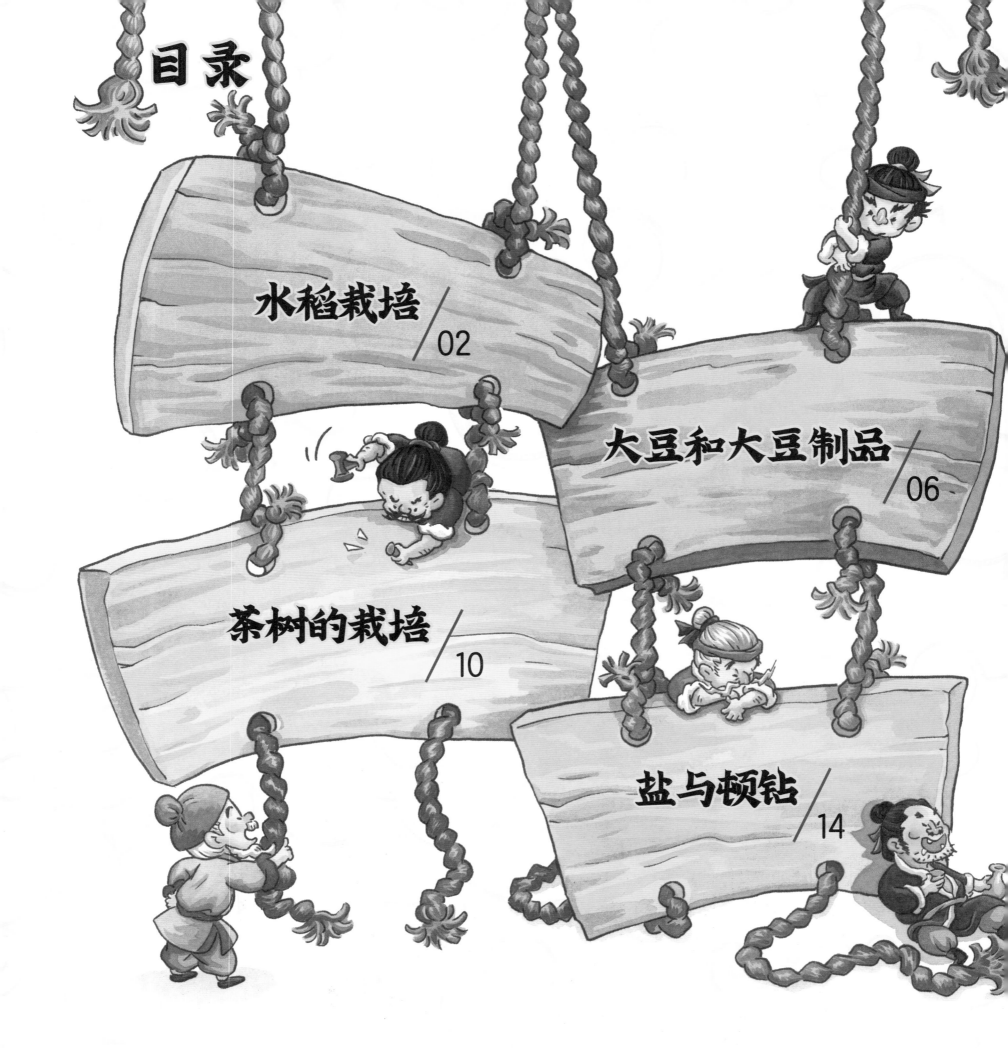

水稻栽培

在远古时期，人们为了填饱肚子，花了很长时间追在猎物身后跑，累得要死不说，还有可能吃了上顿没下顿。后来，古人发现了一些野生的植物，这些植物能结出一些可以当作食物的果子或者种子。日复一日，年复一年，古人持续种植这些植物，挑选其中长得好、果实结得多、味道好的植物的种子，反复进行栽培，最终驯化了这些植物。粟和水稻便是被人类驯化的古老的植物。

粟俗称谷子，也就是现在的小米。粟源于随处可见的狗尾巴草哦！因为它的抗旱能力超强，故成为古代中国北方地区的主要粮食作物。

稻是人类最重要的粮食作物之一，中国则是世界上最大的稻米生产国。长江流域及其以南区域的气候温暖，雨水充足，适合水稻的生长。由于一开始的种植方法比较落后，水稻的产量一直很低，只有贵族才能享用。在北宋之后，水稻才渐渐取代了粟，慢慢地成了五谷之首。

水稻

粟

古代的主要粮食作物包括粟（小米）、黍（黄米）、菽（大豆）、麦（小麦）、稻（水稻）、稷（谷子）。

古人是怎么种植水稻的呢？其实最初种植水稻的方法特别简单：先用火把杂草烧干净，空出田地，种下种子；等到稻苗长到一定高度的时候，灌水进田，淹死比稻苗矮的杂草。这种原始的种植方法被称为"火耕水耨（nòu）"，但水稻的产量特别低，并不能让大家都吃上米饭。

1. 浸种

用稻草或麦秆包裹好种子，在水里泡几天，等待种子发芽。

2. 整理田地

用农具翻土，把田地整理成适合种植的模样。其中耕、耙（pá）、耖（chào）都是常用于水田的耕地方法。在北方的旱地，大家整理田地用的是耕、耙、耱（mò）。南北方整理田地的区别主要在于使用的农具不同。

耕主要使用的农具是曲辕犁。

3. 插秧

把已经发芽的秧苗一行一行地种到田地里。像这样整齐并且留有间距的栽培方法既便于农民除草、收割，也有利于农作物的生长。

种植技术改革

在宋朝，人们改进水稻种植的技术，创造出了很多专门的工具，还制定出了规范的水稻种植步骤。

4. 灌溉

水稻需要很多水来保证它的正常生长，所以为了在缺水的时候及时给水田补水，古人发明了各种各样的汲水农具或灌溉农具。

龙骨水车是一种提水工具，一般需要两个人用脚踩踏，可以用刮板连续提水。

古代的综合农田

堆有两堆绿肥的田　　　水塘

两农人农作的水田

水口　　防止鱼进入田里的竹笼

东汉时期的农田已经出现了池塘和水田互通的模式：古人在池塘里养殖鱼、虾和鸭子，在水田里种植水稻，还在另外的空地上堆积肥料。这样的农田既能节省水和人力，又能将动物粪便做成肥料为水田补充"营养"。

5. 耘（除草）

定期拔掉农田里的杂草。

6. 收割

用镰刀等工具收割成熟的水稻。

大豆和大豆制品

大豆在古代被称为"菽（shū）"，是我国传统的五谷之一。大豆中含有丰富的植物蛋白，能适应贫瘠的土壤，种子也能脱水保存，所以古代中国的人民一直都很喜欢栽种它。

距今 9000—7000 年前后，我国先民就已经开始驯化野生大豆属植物，这个过程持续了好几千年。

后来，大豆成了中国古代重要的粮食作物。到了汉朝，大豆的种植规模和产量大幅增加，可它并没有在主食的道路上走得很远。汉朝以后，古人加工制作大豆的工艺进一步得到提升，大豆也逐渐从粗粮主食变成了应用更加广泛的副食和调味料。

自带肥料的大豆

　　大豆的根常常会结出一串串像小土豆一样的根瘤，这些根瘤就是大豆自带的肥料包，可以使种过大豆的土地变得比较肥沃。大约从汉朝开始，古人会在种过大豆的土地里，栽培其他谷物，实行轮流耕种法。

从主食到配菜

春秋时期以前，古人最喜欢的主食是粟和黍，虽然当时的人们也有栽培过大豆，但是其产量并不高。

到了战国时期，大豆的栽培技术迅速发展，产量得以提高。人们喜欢将大豆加水煮成豆饭和豆粥，当作主食来吃。

汉朝石磨

在汉朝，石磨的发明让粗粝的麦粒变成了好吃的白面，再加上大量人口南迁到了适合种植水稻的江南地区，所以小麦和水稻作为主食的地位一跃超过了大豆。

1. 选豆，浸豆　　　　2. 磨豆

大豆调味品

至今，借助着新的食品加工方式，大豆摇身一变，成功变作了餐桌上不可或缺的调味品和配菜。由大豆制成的调味品有醋、酱油、大豆油、豆豉等。

豆腐

古代豆腐制作的过程

在制作豆腐的过程中，煮熟豆浆这一步非常重要。因为生豆浆有毒，必须煮熟了，才能消除豆子的毒性。

明朝李时珍著有《本草纲目》，书中记载了豆腐的制作过程，但当时的豆腐并非都由大豆做成，绿豆、白豆、豌豆、黑豆等都可以用来制作豆腐。

3. 滤浆

4. 煮浆

5. 点浆

6. 成型

豆腐的由来

传说，豆腐是由西汉的淮南王刘安发明的。他在八公山上炼丹时，偶然发现把卤水撒进豆汁里，新的食物——豆腐就出现啦！

茶树的栽培

中国人喜欢在客人来访时，马上奉茶，以示热情。茶叶浸泡在热水里，随着时间的流逝，叶片会慢慢地舒展开来，还原成叶子或嫩芽本来的模样。它和热水一起，变成散发着植物清香的透亮茶汤。

1. 施肥
土太干的时候要先用淘米水把土浇湿，第二年再用粪水和蚕沙做的肥料进行浇灌和施肥。

2. 挖坑
大概在每年二月底的时候，茶农在阴凉的地方挖坑，将坑里的土和肥料混合在一起。

3. 覆土
在每个坑里放入六七十颗茶树籽，盖上薄薄一层土。

茶是风靡世界的三大无酒精饮料之一（另外两种为咖啡和可可），它的原产地在中国。西周时期，我国巴蜀地区的人们最早开始种植茶树，并培养出了饮茶这个爱好。

4. 排水沟

人们在山坡上种茶不用排水沟，但如果是在平地上种茶，则需要挖掘排水沟，防止土壤过湿。

5. 收茶

3年之后就可以采摘茶叶啦！主要摘取的是位于茶树顶端的嫩叶。

6. 保存茶籽

茶农会把成熟的茶籽放在湿土下面保存，然后在土上盖草防冻。

传说，神农有一个透明的肚子，能直接观察到吃进肚子里的食物发生了什么变化。因此，他吃遍了地面上所有的植物，目的是了解各种植物的功效。一天，他一连吃下七十二种毒草，疼得满地打滚。此时，他发现了一种带着香气的树叶，吃了一片，肚子瞬间便不疼了。神农吃下的树叶就是茶。

从药汤到饮料

根据神农尝百草的传说，茶一开始并不是饮料，而是一种可以用于解毒治病的药。

到了三国时期，古人认为茶叶是一种食物。他们会将制好的茶饼打碎，和葱、姜、橘皮一起放到锅里，熬成一锅茶叶粥。

茶饼的制作

1. 采摘：茶农在春天的时候采摘茶树上的嫩芽，采摘茶叶的时间有很多讲究，一般都是在太阳没升起来之前，用手指甲把嫩芽掐下来。

2. 蒸茶：将茶叶放进密封良好的锅里，高温蒸一小段时间。

3. 捣茶：把蒸好的茶叶放进茶臼里，用杵捣烂。

4. 压制茶饼：将捣烂的茶叶团成一团，放进模子，用手轻拍压实。

5. 烘焙干燥：将定型之后的茶饼烘干。唐朝是将茶饼穿孔吊起来烘干，宋朝是放在木架子上。

6. 茶饼计数：计算茶饼的数量。

7. 包装储藏：将茶饼放入一个像烤箱一样的工具里再次烘干，然后密封储藏。

不同时期的饮茶习惯

唐朝

唐朝人会把茶碾成细细的末，再放进锅子煮着喝。此时茶已经比较像饮料了。

用于冲茶的宋朝汤瓶

用于搅动茶汤的茶筅

宋朝 　到了宋朝，喝茶开始变得讲究起来。古人会先用小勺把茶末舀到茶碗里面，一边往碗里冲热水，一边快速搅动茶汤，直至茶汤上泛起白色的泡沫。从这时起，茶就不再只是一种饮料了，更是一种文化。宋朝人为了评价谁冲的茶更好喝，还经常举办"斗茶"活动呢！

明清时期 　明清时期，泡茶的方式比较接近于现代了；不添加任何调味料，直接用炒制好的嫩叶进行冲泡。

茶马古道

古人将茶制成便于保存的茶饼，茶叶就能作为商品远输至其他国家和地区了。其中，"茶马古道"就是著名的中国古代商业路网，也是我国古代经济文化交流的重要走廊。

盐与顿钻

盐带给人们的，不只有菜品中能品尝到的咸味，还能给人体提供必需的微量元素。盐是人类文明史上最重要、最基本的一种调味品。

几千年来，盐都是财富的象征。盐不仅是一个地区重要的商品，也能在和其他地区进行贸易往来的时候作为货币来使用。比如春秋战国时期，拥有海盐产业的齐国就非常富裕；在汉朝，国家已经开始控制整个制盐产业；到了唐宋时期，盐产业带来的收入已占据了全国收入的一半。

由于自然资源分布不均衡，部分地区需用凿井的方式采盐。人们只需在地面上开一个竹筒大的井口，就能使用顿钻凿出深达几十米甚至超过1千米的盐井来，然后用在井中取得的卤水来制成盐。"盐都"即四川省自贡市，曾凿出深1001.42米的深井，可谓是当时的世界之最。

卤水是埋在地底的一种含盐量非常高的咸水，类似于海水。人们熬煮或者晒干卤水，去掉其中多余的水分和杂质，便能够得到盐。

位于高原干旱地区的盐湖湖底沉积着厚厚的盐层。打捞出这些盐层，稍微处理一下，就能制作成食盐啦！

又小又深的盐井

北宋时期，卓筒井出现了。这可不是一般的水井，它的井口只有碗口那么宽，仅够一根粗竹竿通过。想挖掘卓筒井，得用顿钻。古人通过反复提起和放下长长的钻头所产生的冲击，砸出一口深深的盐井来。

顿钻凿井

凿井时，古人需要反复提起和放下钻头，运用钻头自由下落时产生的冲击，砸碎地下的岩石和泥土，使盐井不断变深。这个过程叫作冲击式顿钻凿井。

顿钻的钻头有很多种，其中马蹄锉用于开凿小口径的盐井，鱼尾锉用于开凿大口径的盐井。

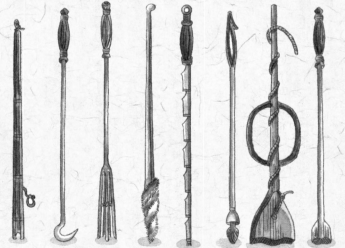

吞筒　扫镰　五股须　海螺　刮筒　转槽子　鱼尾锉　银锭锉

泥筒取土

用竹制泥筒把打碎后的泥土和碎石从井下提上来。提土的步骤：

1. 往井下灌水。
2. 上下提动泥筒，使水和泥沙碎石混合成泥浆。
3. 将泥浆灌入泥筒中，再把泥筒提上来。

制作井盐

1. 取得井下卤水

使用比井口细一点的长竹并打通竹节。然后，在竹子底部安装牛皮阀门，在另一端系上长绳，放到井下。这就是卓筒井专用的汲卤筒。

2. 提起取水工具

用天车和牛车帮忙提取沉重的汲卤筒。

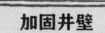

加固井壁

巨竹去节，首尾相连，置入井内，加固井壁

早在宋朝，古人就发现了地下存在着一些可燃气体，他们在有可燃气体的地方，用顿钻技术凿出了火井。古人会用管道引来近处火井里的天然气来熬煮盐水。

3. 大锅熬盐

将经过过滤和暴晒的卤水注入大铁锅，熬煮一段时间后，晾晒并去除杂质。于是，雪白的井盐就制好了。

中国的冲击式顿钻凿井技术比西方最早使用顿钻的技术早了800多年，是现代的石油勘探设备的祖先哦！你瞧，现在的石油勘探设备像不像进化版的机械顿钻呢？

盐井——深度超过千米的燊（shēn）海井。

17

油的制作

我们在炒菜时，经常会用到菜籽油、花生油或大豆油等食用油。实际上，除了油菜、花生和大豆，自然界中还有许多植物的种子里都蕴藏着油脂，比如芝麻、向日葵、萝卜籽、苏麻籽、苋菜籽。其实，在很久以前，我们的祖先就已经掌握了榨油的方法，还用油来烹饪、润滑车轴，甚至点灯照明。

油菜 油菜是中国西南地区重要的经济作物，油菜籽的含油量也非常高，可达 35%～50%，能榨油或加工成饲料。每年春天，金灿灿的油菜花满山遍野，十分壮观。

古人是如何榨油的呢

1.翻炒蒸熟

把油料放进锅里，小火翻炒，待炒出香气后，再用工具将油料碾碎、蒸熟。炒制油料时一定要充分翻炒，一旦原料受热不均，就会降低油的产量和质量。

2.裹饼

用稻秆或麦秆将蒸好的油料包成饼状，再用铁或细竹片制成的圆箍固定"油饼"。

3.榨油

将"油饼"放在榨槽中，像和尚敲钟那样用撞木去撞击木块。在木块的不断挤压下，"油饼"越变越薄，色泽鲜亮的油也就顺着油槽流了出来。

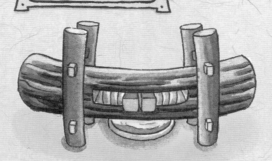

榨具

制作榨油装置时，首先要选择一根粗大、完整的树干，木料以不易裂开的樟木为主。挖空树干中间的部分并将其作为榨槽，用于盛放"油饼"。然后，在树干里凿出一条细细的油槽，油被榨出后可顺着油槽流入容器中。

槽碾

槽碾是我国重要的传统农具，一般由碾盘、碾磙和碾架等部分组成。碾盘中心的木柱是整个石碾的中心轴。碾架则固定在这根木柱上，上面装有碾磙（gǔn）。在人力或畜力的推动下，碾磙在碾盘上来回滚动，磨碾谷物粮食。

水碾

水碾是一种利用水力带动旋转的工具。南方地区的河流较多，人们常用水碾来进行粮食加工。

枯饼

"油饼"经压榨后所剩的渣滓叫作"枯饼"。古时候，人们会拿着芝麻、萝卜籽、油菜籽等油料的枯饼进行二次加工。经过第二次碾压、蒸煮等处理后，这些枯饼仍能被榨出油来。

丝绸的织造

你认识这些白白胖胖的虫宝宝吗？它们的名字叫"蚕"。别看它们长得普普通通，但用处可大着呢！蚕宝宝嘴里吐出来的丝是天然的纤维原料，经过加工能被制成各种丝绸制品，例如锦、纱、缎、绢。

汉武帝时期，张骞出使西域，开创了被后世称为"丝绸之路"的中西方商贸路线。中国丝绸也经由今甘肃、新疆等地辗转到了西方，被人奉若珍宝。

丝绸的制作流程

1. 养蚕

以桑叶喂养蚕宝宝，等待它们吐丝结茧。

2. 缫丝

用沸水煮茧，剥茧抽丝，利用缫车将蚕丝抽取出来并卷绕到丝筐上。

4. 织造

使用专门的织机，将经线和纬线按照一定的规律织造成绸。

3. 牵经做纬

绕好丝线后，把丝筐上的丝线绕到丝籰（yuè）上，然后牵经做成经线，再利用卷纬车把丝籰上的丝线做成纬线。

5. 染整

将织好的绸进行染色、印花等处理，使织物变得更加美观。

嫘祖养蚕

中国是世界上最早开始养蚕的国家。古史中记载着伏羲"化蚕"和黄帝的妃子嫘祖"教民育蚕"的传说，嫘祖更是被后人推崇为"蚕神"。据考古发现证实，早在距今约7000年至5000年的仰韶文化时期，我们的祖先就已经开始养蚕制丝了。周朝时甚至出现了专门用于养蚕的蚕室。

素纱禅衣

1972年，湖南省长沙市马王堆一号汉墓出土了一件仅重49克的纺织品——素纱禅衣。素纱禅衣没有衬里，用未经染色的素纱织成，其丝缕极细，薄如蝉翼。它代表了西汉初期养蚕、缫丝和织造工艺的最高水平。

经过漫长的发展，丝绸的种类可分为绫、罗、绸、缎、锦、纱、绢、绒等十四大类。

印染技术

我们现在所穿的衣服不仅样式繁多，就连颜色也五彩斑斓。其实，早在新石器时代，我们的祖先就想到用赤铁矿粉末将麻布染成红色啦！他们利用植物制作染料，能够印染出五颜六色的纺织品。

在古代，什么人穿什么颜色的衣服，可是有很多讲究的。比如秦朝时，帝王穿黑衣，高官穿绿衣，平民百姓只能穿白衣；到了隋唐时期，黄色就成了皇帝的专属颜色。

五色

周朝时，"五色"就已经出现了，分别是青、黄、赤、白、黑。当时还设有专门负责漂染丝帛的"染人"。

青

人们常说"青出于蓝，而胜于蓝"，这里的"青"说的就是靛青色，"蓝"则指的是蓝草。蓝草是一种含有靛蓝色色素的古老植物染料，能将布料染成蓝中带紫的靛青色。早在春秋时期，我们的祖先就已经在大量种植蓝草，萃取蓝靛来染色了。蓝草的种类繁多，较为常见的有马蓝、木蓝、蓼蓝和菘蓝。

制作蓝靛

1. 用7天左右的时间以清水浸泡蓝草的枝叶，使色素溶于水中。

2. 捞出蓝草，在水中加入适量的石灰，用力上下搅拌，这一步被称为"打靛"。这时，水色逐渐从原本的青绿色变成蓝色。

3. 打完靛后，靛蓝素会沉淀在木桶底部。静置几天，将水倒出，就能看到膏泥状的蓝靛了。

赤

"赤"指比朱红色稍浅的颜色，泛指红色。初，古人用赤铁矿粉、朱砂进行染色，但矿物颜遇水容易脱落。后来，人们尝试从植物红花、茜根中提炼红色染料。

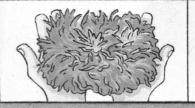

制作红花饼

1. 捣烂红花花瓣并放入布袋里，加水浸泡
2. 拧干布袋，去除水中的黄色素。
3. 用淘米水一类的酸汁冲洗红花，进一除去红花中残留的黄色素，得到鲜红的红色素
4. 将青蒿盖在红花表面，经过一个晚上把红花捏成饼状，进行阴干处理。

黄、白、黑

古代染料中的白色可以用矿物绢云母涤染而成，或通过强碱漂白的方法取得，比如用草木灰加石灰。黄色染料主要用栀子、地黄、姜黄等草木制成；黑色则主要从柿叶、乌桕（jiù）叶、栗子壳、莲子壳等植物中获得。

防染印花

古人不仅很早就掌握了植物染色技术，还在实践中摸索出了防染印花技术，如夹缬（xié）、绞缬、蜡缬。他们通过人为控制染色的面积和形状，从而制作出多变的花纹。

夹缬 将织物紧固于镂空版之间，涂刷染料。等到染料晾干后，取下版子，漂亮的花纹就出现啦！

绞缬 先用线、绳等工具将布帛扎结，再进行染色。结扎部位因未能充分着色，便能形成具有渐变效果的花纹。

蜡缬 利用蜡液在布帛上描绘纹样，待蜡冷凝后，将布帛放到染料中浸染。经过冲洗后，古人用沸水煮去蜡质，布上就能呈现出蓝、白分明的花纹来了。

提花技术

爱美之心，人皆有之，古人也不例外。花纹虽然好看，但刺绣起来既耗时又费力。于是，古人发明出了"提花机"。提花机最早出现于西汉时期，是一种能编织复杂花纹的织造机器。

综 综是吊起经线的装置，蹑是脚踏板。古人通常用一蹑控制一综，来织造花纹。古代普通的提花机通常只有一片或两片综。

花本

花本是人们使用提花机，依照设计好的纹样织造出的织花样稿。它由纵向的代表经线的脚子线和横向的代表纬线的耳子线交织而成。

平纹、斜纹和缎纹

根据织法不同，机织物可分为平纹、斜纹和缎纹这三种基本类型。在使用提花机织造时，人们用两片综能织出平纹，用3~4片综可以织出斜纹，用5片以上的综才能织出缎纹。

平纹

斜纹

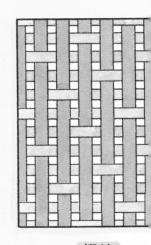

缎纹

多综式提花机

古代的普通织机大多只能织出平纹织物，古人要想编织出复杂且较大的花纹，就必须增加织机上综的数量。因此，多综式提花机应运而生。

老官山汉墓织机

2012年，四川省成都市的老官山汉墓出土了4台织机模型。科学家根据残留综框判断，这是迄今发现最早的多综式提花机实物模型。

束综提花机

约在初唐时期，束综提花机便出现了。这种提花机需要由两人配合操作，一人坐在提花机上负责提花，一人坐在提花机下投梭打纬。

约唐末五代时期，束综提花机的发展达到了顶峰。此时，大花楼机出现了，可以用于织造花纹循环极大的织物，比如龙袍的袍料。

汉朝织锦护臂

汉朝织锦护臂"五星出东方利中国"是一件国宝级的文物。这块织锦在不足50厘米的宽度下，使用了上万根经线。其工艺水准之高，连现代织机都无法达到它的原本密度。直至考古专家复原出汉朝提花机之后，这块汉朝织锦才得以被成功复制。

四大名锦

提花丝织品种类繁多，例如绢、丝、绸、纱、锦等。其中，"锦"的织造工艺复杂，价值堪比黄金，古时候只有达官显贵才能穿得起。从元朝开始，南京云锦深受皇家青睐，专供宫廷使用。当时，人们将它与广西壮锦、成都蜀锦、苏州宋锦并称为"中国四大名锦"。